BEI GRIN MACHT SICH IHR WISSEN BEZAHLT

- Wir veröffentlichen Ihre Hausarbeit, Bachelor- und Masterarbeit

- Ihr eigenes eBook und Buch - weltweit in allen wichtigen Shops

- Verdienen Sie an jedem Verkauf

Jetzt bei www.GRIN.com hochladen und kostenlos publizieren

Amalia Aventurin

Metasomatose im Erdmantel. Petrographie von Südafrikanischen MARID-Xenolithen

GRIN Verlag

Impressum:

Copyright © 2012 GRIN Verlag GmbH
Druck und Bindung: Books on Demand GmbH, Norderstedt Germany
ISBN: 978-3-656-86093-8

Studienarbeit

im Rahmen des Studienganges Geowissenschaften

mit dem Abschluss des Bachelor of Science

Metasomatose im Erdmantel: Petrographie von Südafrikanischen MARID-Xenolithen

am Fachbereich Geowissenschaften

der mathematisch-naturwissenschaftlichen Fakultät

Juni 2012

Inhaltsverzeichnis

1 Kurzdarstellung

MARID-Xenolithe bestehen vor allem aus den namensgebenden Mineralen Glimmer (engl. „mica"), Amphibol, Rutil, Ilmenit und Diopsid (Dawson et al. 1977). Als Akzessorien können noch verschiedene Titanite, Olivin, Orthopyroxene, Serpentine und Dolomite auftreten (Dawson et al. 1977). Als weitere Minerale treten auch Spinell und Perovskit auf (Konzett et al. 2000). Der im Rahmen dieser Arbeit analysierte Dünnschliff (BR 2-8) eines MARID-Xenolithen aus Bultfontein, Südafrika, weist die zu erwartenden Hauptphasen Glimmer, Amphibol, Rutil, Ilmenit und Diopsid auf und ist somit als MARID-Xenolith klar zu identifizieren, jedoch wurden auch in größeren Mengen Dolomite und Baryte und als Akzessorium Strontianit gefunden. Andere Titanite, Olivin, Orthopyroxen und Serpentin wurden zwar nicht gefunden, dennoch enthält der Schliff größere Mengen der Übergangsmetalle Chrom, Eisen, Titan und Mangan, sowie eine Anreicherung an den „Large Ion Lithophile Elements (LILE)[1]" Kalium, Barium und Strontium.

Da es keine eindeutige Erklärung für die Fragen der Herkunft und der Bildungsbedingungen von MARID-Xenolithen gibt, können nur Vermutungen und Spekulationen auf der Basis von vergleichbarer Literatur durchgeführt werden. In der nachfolgenden Arbeit wurde das Problem der Entstehung näher untersucht und ein möglicher Erklärungsansatz zur Bildung von MARID-Xenolithen auf der Basis der Forschungen von Dawson et al. (1977), Konzett et al. (2000), Boettcher (1975), Smith et al. (1983) gefunden. Aufgrund ihrer Erkenntnisse liegt die Vermutung nahe, dass das Muttermagma kimberlitischen Ursprungs ist, angereichert an Wasser, Kalium, Magnesium und Titan. Durch den Prozess der Ozeanbodenspreizung (engl. „seafloor spreading") kam es zur Druckentlastung und damit zur partiellen Schmelzbildung von Mantelperidotit und damit zum Aufstieg dieses Magmas. Als Folge der Ozeanbodenspreizung entstanden große Risse und Klüfte mit Hilfe dessen Meerwasser, angereichert an Calciumcarbonat und „Large Ion Lithophile Elements (LILE"), in den oberen Teil des oberen Erdmantels transportiert wurde. Dadurch konnte hydrothermale Metasomatose mit den angrenzenden Wandperidotiten stattfinden. Da die MARID-Proben in der Nähe von Kimberliten gefunden wurden und sich wahrscheinlich auch in ihrer Nähe gebildet haben, konnten mit Hilfe der angrenzenden Kimberliteruption die MARID-Xenolithe anschließend an die Oberfläche aufsteigen und so ihre charakteristische Deformations- und Fließstruktur erhalten.

---

[1] „Large Ion Lithophile Elements (LILE)" sind inkompatible Spurenelemente mit großen Ionenradien, die, im Verlauf der fraktionierten Kristallisation von Magmen, nur schwer in ein Kristallgitter eingebaut, dafür leichter in die Struktur der Schmelze integriert werden können oder in ihr verbleiben.

2 Einleitung

Die Lokalität, der das Gestein und somit der Schliff entnommen wurde, liegt in einer 1870 entdeckten Kimberlit-Mine in der südafrikanischen Stadt Bultfontein, Provinz Freistaat. Bultfontein liegt auf dem sogenannten Kaapvaal Kraton, einer 3,6-2,5 Ga alten Kontinentalplatte und somit auf tektonisch sehr stabilem Untergrund. Seit 2005 ist die Mine bereits geschlossen, jedoch gehört sie immer noch zum Besitz der Familie De Beers, dem größten Diamantenproduzenten der Welt mit Sitz in Luxemburg.

Der Schliff hat eine Länge von etwa 4,8cm und eine Breite von 2,6cm. Unter Abb. 1 ist der Dünnschliff mit dem dazu passendem Maßstab abgebildet. Der Schliff ist gekennzeichnet durch eine Matrix, die hauptsächlich aus bräunlichen Glimmern und aus geringeren Anteilen an Titanoxiden besteht. Die Matrix hat ein porphyrisches Gefüge und ist holokristallin bis hypkristallin. Darin sind als gröbere Einsprenglinge hypidiomorphe bis xenomorphe weiße, mittel- bis riesenkörnige, rundliche Karbonate, sowie grüne mittel- bis grobkörnige Diopside und mittel- bis grobkörnige Amphibole eingebettet. Schätzungsweise macht der Glimmer 50 Vol.-% des Schliffs aus, die Karbonate 15 Vol.-% und die Diopside und der Amphibol jeweils 12 Vol.-%. Als weiteres Nebengemengteil finden sich noch schwarzer Rutil und Ilmenit, die als sehr feinkörnige matrixbildende Minerale auftreten und zusammen etwa 12 Vol.-% des Schliffs ausmachen. Die Rutile und Ilmenite treten als charakteristische farbgebende Einheiten der Matrix auf. Bei genauerer Betrachtung der Rutile fällt jedoch auf, dass sie nicht komplett schwarz, sondern leicht bräunlich sind. Sowohl der Ilmenit, als auch der Rutil weisen eine hypidiomorphe Kristallform auf. Als Akzessorien (etwa 1 Vol.-%) finden sich in dem Dünnschliff Baryte und Strontianit, die sich in oder um die Karbonate gebildet haben. Innerhalb der Abb. 1 sind diese Phasen anhand der sehr hellen, weißen Mineralbereiche zu erkennen. Des Weiteren ist zusätzlich eine Fließstruktur erkennbar. Parallel zu der Fließrichtung weist der Schliff einige Risse auf. Durch den geringen Anteil an mafischen Mineralen, ist der Schliff insgesamt relativ hell, was auf eine felsische bis intermediäre Gesteinszusammensetzung hindeutet.

Die Inhomogenität des Dünnschliffs und die Variabilität der Korngrößen der einzelnen Minerale ist ein Indiz dafür, dass in einem einzigen Schliff nicht alle Minerale des Gesteins vertreten sein müssen. Deshalb liefert der Dünnschliff BR 2-8 nur einen selektiven und eventuell unvollständigen Überblick über die Gesteinszusammensetzung.

Abb. 1: Dünnschliffaufnahme BR 2-8 mit Maßstabsangabe. Die Hauptminerale Glimmer, Diopsid, Amphibol, Rutil, Ilmenit und auch die Karbonate, sowie das Gefüge und die Textur sind deutlich erkennbar. Die Baryte und der Strontianit sind an den überaus hellen weißen Stellen zu erkennen.

3 Stand der Forschung

Über die genaue Entstehung dieser Gesteine sind sich die Wissenschaftler nach wie vor im Unklaren und es werden unterschiedliche Theorieansätze verfolgt. So gehen Dawson et al. (1977) von einer Herkunft aus einer magmatischen, fluidreichen Kimberlit-Schmelze aus, die beim Aufstieg durch den Prozess der Metasomatose an Glimmer und Amphibol angereichert wurde. Konzett et al. (2000) unterstützen diese Theorie und ergänzen sie um den Einfluss eines sekundären karbonatischen Fluides, was die Anwesenheit von Dolomit und, wie in dem analysierten Dünnschliff BR 2-8, Strontianit erklären würde und auch eine Erklärung für die Anreicherung an inkompatiblen Elementen liefert. Waters (2000) verfolgt dagegen einen ganz anderen Ansatz. Seiner Meinung nach sind MARID-Xenolithe das Produkt einer wasserreichen partiellen Schmelze, angereichert an phlogopithaltigen Peridotiten, wobei das Muttermagma keine kimberlitische, sondern seiner Ansicht nach, eine lamproitische Zusammensetzung besaß. Zur Herkunft der karbonatischen Fluide verfolgen Rohrbach et al. (2011) die Theorie, dass sie bei diamantführenden Kimberliten durch die Subduktion alter ozeanischer Kruste unter die kontinentale Kruste mitgeführt wurden.

In der folgenden Arbeit werden diese Erklärungsansätze näher untersucht, mit den Analyseergebnissen aus Schliff BR 2-8 verglichen und auf ihre Plausibilität hin geprüft.

4 Darstellung der verwendeten Methoden

Zur Analyse des Dünnschliffs wurde zum einen das Rasterelektronenmikroskop JEOL 840 und zum anderen die Mikrosonde JEOL JX A-8900M WD/ED verwendet. Beide Geräte gehören zur Ausstattung der Westfälischen Wilhelms-Universität Münster (WWU Münster).

Zur Verwendung des Rasterelektronenmikroskop, kurz REM, muss die Probe zunächst poliert und, zur Verbesserung der Leitfähigkeit, mit einer Schicht Kohlenstoff überzogen werden. Als Strahlungsquelle für das REM dient eine Wolfram-Glühkathode, die im Vakuum auf fast 2.000°C erhitzt wird und so eine Hochspannungsversorgung von 0,1-30 kV ermöglicht. Durch den Strom werden Elektronen freigesetzt, die durch den Steuerzylinder (Wehnelt-Zylinder) zur Anode geleitet und so auf annähernde Lichtgeschwindigkeit beschleunigt werden. Beim Verlassen der Anode wird der Elektronenstrahl durch einen Kondensor geleitet und so zu einem punktförmigen Strahl gebündelt. Mit Hilfe dieses punktförmigen Elektronenstrahls kann die Oberfläche des zu untersuchenden Objektes, durch den Vorgang der sogenannten „Rasterung", abgetastet werden. Dabei entstehen unteranderem sekundäre Elektronen, deren Detektion die Abbildung von kleinsten Strukturen bis zu einer Vergrößerung von 10 nm ermöglicht und somit eine gute qualitative Bildanalyse liefert. Diese hohe Auflösung und die hohe Schärfentiefe sind das Resultat der hohen Beschleunigungsspannung von bis zu 30 kV. Die in der folgenden Arbeit dargestellten Mineralabbildungen sind anhand dieser Methodik entstanden. Eine weitere wichtige Funktion des Rasterelektronenmikroskops besteht in der Analyse der, von der Probe bei der Rasterung abgesonderten, Röntgenstrahlen, mit Hilfe der energiedispersiven Röntgenanalyse, kurz EDX. Die EDX-Analyse basiert auf der Trennung der verschiedenen Röntgenstrahlen nach ihrem Energiewert und liefert somit einen groben Überblick über die im Schliff vorhandenen Elemente und damit einzelner Minerale mit teils ungenauen Werten. Zur genauen Analyse der einzelnen Mineralphasen wird die eben erwähnte Mikrosonde verwendet.

Prinzipiell funktioniert die Mikrosonde genauso, wie das Rasterelektronenmikroskop, jedoch wird hier die Beschleunigungsspannung durch ein Filament, bestehend aus einem Wolfram-Haarnadel-Draht an der Spitze, auf 15 kV reduziert. Ergänzt wird die Mikrosonde durch den Einbau eines Spektrometers, mit Hilfe dessen eine genauere Elementanalyse anhand der Trennung verschiedener Elemente nach ihrer Wellenlänge und nicht nach ihrer Energie, wie beim REM, gemacht werden kann. Dabei arbeitet das wellenlängendispersive System (WDS) mit Kristallspektrometern, die die verschiedenen Röntgenstrahlen erfassen und gegen einen Standard, der vorher festgelegt wird, austauschen. Für diese Arbeit wurden folgende Analysekristalle und

Standards verwendet: Zur Messung von Glimmer und Amphibol wurde der „Standard für Silikate" verwendet, für die Minerale Ilmenit, Rutil und Diopsid wurde „Ast Cr-Diop" und „Ast Kaer" verwendet, „Ast Cc" wurde zur Bestimmung der Karbonatphasen herangezogen und zur Identifikation der Barium- und Strontiumphasen wurden die Standards „Durango Apatit" und „Barit" verwendet. Eine Liste der genannten Standards befindet sich in Tabelle 1a und 1b, wobei die Standards zum einen nach ihrem Anteil an Oxiden (Gew.-%) und ihren Anteil an Kationen aufgelistet wurden. Der Standard für Silikate ist gesondert in Tabelle 2 zu sehen.

Gew.-% Oxide	Ast Cr-Diop	Ast Kaer	Ast Cc	Durango Apatit	Barit
MgO	17.5	13.1	0.001	0.0	0.0
SrO	0.0	0.0	0.1	0.2	0.3
CaO	25.4	11.8	56.5	54.0	0.01
FeO	1.3	11.3	0.01	0.0	0.0
K_2O	0.0	1.0	0.0	0.0	0.0
MnO	0.01	0.1	0.0	0.0	0.0
CO_2	0.0	0.0	43.4	0.0	0.0
F	0.0	0.0	0.0	3.8	0.0
P_2O_5	0.0	0.0	0.0	40.1	0.0
Cl	0.0	0.0	0.0	0.5	0.0
Al_2O_3	0.2	13.1	0.0	0.0	0.0
Cr_2O_3	0.4	0.0	0.0	0.0	0.0
SiO_2	54.9	39.6	0.0	0.0	0.0
TiO_2	0.03	5.7	0.0	0.0	0.0
O	0.0	0.0	0.0	0.0	0.0
Na_2O	0.4	2.7	0.0	0.0	0.0
SO_3	0.0	0.0	0.0	0.0	33.9
BaO	0.0	0.0	0.0	0.0	66.1
PbO	0.0	0.0	0.0	0.0	0.0
Total	100.1	98.4	100.0	96.8	100.2

Tab. 1a: Verwendete Kristallstandards der Mikrosonde, aufgelistet nach den enthaltenen Elementen in Gew.-% Oxide.

Kationen (O=24)	Ast Cr-Diop	Ast Kaer	Ast Cc	Durango Apatit	Barit
Mg	3.8	3.0	0.0	0.0	0.0
Sr	0.0	0.0	0.001	0.004	0.01
Ca	4.0	1.9	0.0	2.2	0.0004
Fe	0.2	1.5	1.02	0.0	0.0
K	0.0	0.2	0.0001	0.0	0.0
Mn	0.002	0.02	0.0	0.0	0.0
C	0.0	0.0	1.0	0.0	0.0
F	0.0	0.0	0.0	0.5	0.0
P	0.0	0.0	0.0	1.3	0.0
Cl	0.0	0.0	0.0	0.03	0.0
Al	0.04	2.4	0.0	0.0	0.0
Cr	0.1	0.0	0.0	0.0	0.0
Si	8.0	6.1	0.0	0.0	0.0
Ti	0.004	0.7	0.0	0.0	0.0
O	0.0	0.0	0.0	0.0	0.0
Na	0.1	0.8	0.0	0.0	0.0
S	0.0	0.0	0.0	0.0	1.0
Ba	0.0	0.0	0.0	0.0	1.0
Pb	0.0	0.0	0.0	0.0	0.0
Total	16.0	16.6	2.0	4.0	2.0

Tab. 1b: Verwendete Kristallstandards der Mikrosonde, aufgelistet nach der Anzahl der Kationen der verschiedenen Elemente. Dabei ist zu berücksichtigen, dass für jedes Element die Kationen auf eine Anionenzahl von 24 (O=24) normiert wurden.

Gew.-% Oxide	Dolomite (K_α TAP)	Strontian (L_α TAP)	Calcite (K_α PETJ)	Siderite (K_α LIFH)	SanidP14 (K_α PETJ)	$MnCO_3$ (K_α LIFH)
MgO	22.0	0.0	0.0	0.0	0.0	0.0
SrO	0.0	67.7	0.0	0.0	0.0	0.0
CaO	0.0	0.0	56.1	0.0	0.0	0.0
FeO	0.0	0.0	0.0	59.1	0.0	0.0
K_2O	0.0	0.0	0.0	0.0	13.0	0.0
MnO	0.0	0.0	0.0	0.0	0.0	61.7

Tab. 2: Verwendeter Standard für Silikate. Aufgelistet sind die Gew.-% der Oxide für die jeweiligen Elemente. In Klammern sind die Namen der verwendeten Kristalle des Spektrometers angegeben.

5 Darstellung der Ergebnisse

Neben den Hauptmineralen Glimmer, Amphibol, Rutil, Ilmenit und Diopsid, weist der analysierte Dünnschliff zusätzlich Dolomit, Baryt und Strontiumcarbonate auf. Im Folgenden sind die Analyseergebnisse aus der Mikrosonde zusammen mit Mineralabbildungen aus dem Rasterelektronenmikroskop (Abb. 3, 5, 6, 9, 10, 11, 13) zu sehen. Zusätzlich ist zu jedem Mineral der Messpunkt auf dem Schliff selbst markiert, was in Abb. 2, 4, 7, 8, 12, 14 zu sehen ist. In den Tabellen 3 bis 8 sind passend dazu die Messergebnisse dargestellt.

5.1 Glimmer

Das matrixbildende Mineral und somit die Hauptphase bildet der Glimmer. Anhand von vier verschiedenen Messpunkten – in Abb. 2 dargestellt – wurde die Zusammensetzung des Glimmers bestimmt. Die entsprechenden Analyseergebnisse sind in Tab. 3a und 3b zu sehen.

Der vorliegende Glimmer (Abb. 3) zeichnet sich durch einen erhöhten Kalium-Wert aus, der sich in etwa auch mit den Phlogopit-Analysen von Waters (~9,72 Gew.-% K_2O, 1987), Dawson et al. (~10,0 Gew.-% K_2O, 1976) und Konzett et al. (~10,8 Gew.-% K_2O, 2000) deckt. Innerhalb der anderen gemessenen Elementkonzentrationen weisen die vorliegenden Glimmer auch keine Abweichungen auf. Bei dieser Analyse wurde zusätzlich Fluor mit in die Messung miteinbezogen, was bei den genannten Autoren nicht der Fall war und somit kann für dieses Element nur die Phlogopit-Analyse von Deer et al. (1992, S.285) herangezogen werden. Dabei ist jedoch für diesen Schliff nur ein minimal geringerer Fluor-Gehalt zu beobachten (<0,62 Gew.-% F). Die größeren Abweichungen in der Summe an Oxiden, ist durch die Anwesenheit von Wasser zu erklären, was anhand der Mikrosonde nicht erfasst wird. Deshalb wurde der Wassergehalt des Glimmers anhand der Differenz der Oxidsumme und einer erwarteten 100%igen Messgenauigkeit angegeben.

Aufgrund eines Vergleichs der Anionen- und Kationenverteilung in den Glimmern aus Tab. 3b und den Phlogopiten von Dawson et al. (1977), lassen sich die Glimmer in Schliff BR 2-8 als Phlogopite ($KMg_3(Si_3Al)O_{10}(F,OH)_2$) charakterisieren. Phlogopite sind magnesiumreiche Endglieder der Biotite (Deer et al. 1992).

Vergleicht man diese Phlogopite mit welchen aus einem Marmor, entnommen aus Neuseeland (Deer et al. 1992, Seite 285) fällt einem der hohe Gehalt an Titan (>0,82 Gew.-% TiO_2), Eisen (>2,38 Gew.-% FeO) und Mangan (>0 Gew.-% MnO) auf.

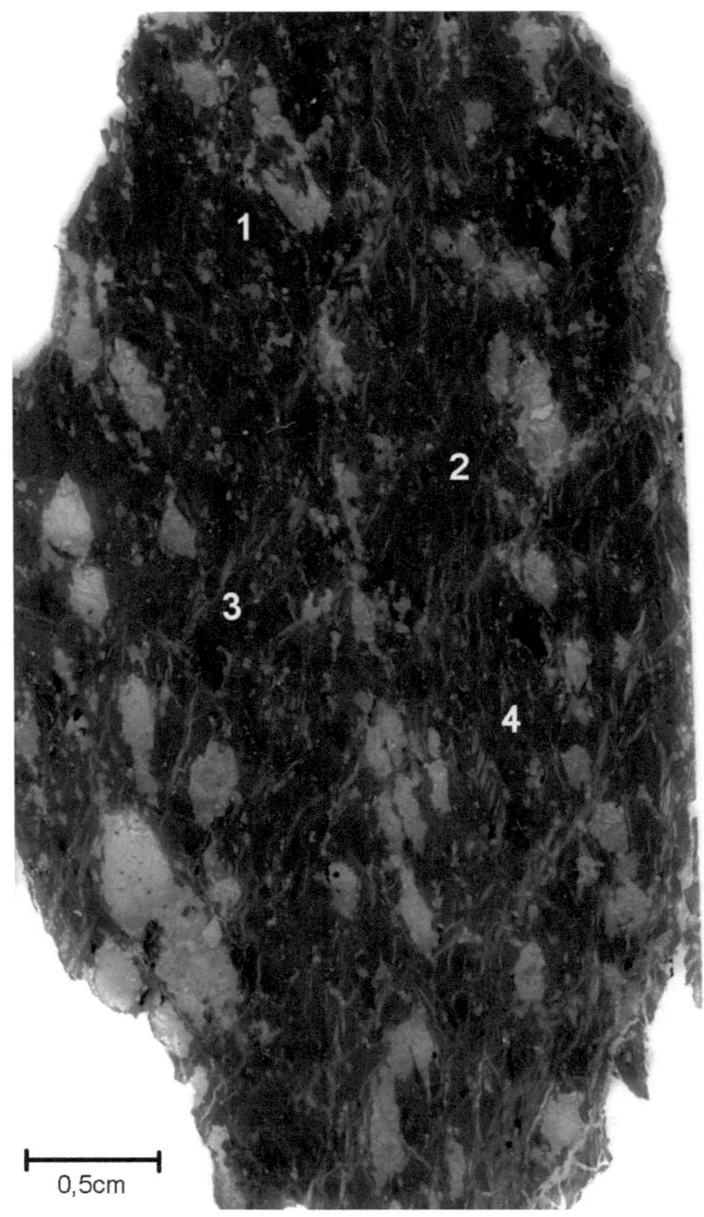

Gew,-% Oxide	Glimmer 1	Glimmer 2	Glimmer 3	Glimmer 4
SiO_2	42.5	40.8	41.2	41.1
TiO_2	1.5	1.4	1.6	1.6
Al_2O_3	10.6	9.0	10.1	9.9
Cr_2O_3	0.2	0.2	0.2	0.2
FeO	8.0	7.1	7.8	7.5
MnO	0.1	0.1	0.1	0.1
MgO	22.8	23.8	22.1	22.8
CaO	0.0	0.0	0.01	0.0
Na_2O	0.1	0.1	0.2	0.2
K_2O	10.6	9.1	10.4	10.4
F	0.3	0.3	0.1	0.2
Total	96.6	91.8	93.8	93.8
H_2O	3.4	8.2	6.2	6.2

Tab. 3a: Analyseergebnisse des Glimmers (1-4) in Gew.-% Oxide. Die angegebene Nummerierung stimmt mit den Messpunkten aus Abb. 2 überein. Der H_2O-Gehalt wurde anhand der Differenz einer idealen 100%igen Messung und dem Gesamtanteil der Oxide in Gew.-% errechnet.

Kationen (O=24)	Glimmer 1	Glimmer 2	Glimmer 3	Glimmer 4
Si	6.6	6.6	6.6	6.6
Ti	0.2	0.2	0.2	0.2
Al	2.0	1.7	1.9	1.9
Cr	0.03	0.02	0.03	0.03
F	1.0	1.0	1.1	1.0
Mn	0.01	0.01	0.01	0.01
Mg	5.3	5.8	5.3	5.4
Ca	0.0	0.001	0.001	0,0
Na	0.03	0.03	0.1	0.1
K	2.1	1.9	2.1	2.1
F	0.1	0.1	0.04	0.1
Total	17.3	17.3	17.3	17.4

Tab. 3b: Auflistung der Anionen- und Kationenplätze der Glimmer (1-4), normiert auf 24 Sauerstoffplätze. Die Anzahl und Verteilung lässt darauf schließen, dass es hierbei um Phlogopite handelt.

Abb. 3: „Spectrum 31" bezeichnet eine Aufnahme eines Glimmers unter dem Rasterelektronenmikroskop. Erkennbar ist das Mineral an der charakteristischen lamellenartigen Ausbildung.

5.2 Amphibol

Als wichtiges Nebengemengteil mit einem geschätzten Anteil von 12 Vol.-% treten die Amphibole als weiße, leicht grobe Einsprenglinge auf. Anhand von vier verschiedenen Messpunkten – in Abb. 4 dargestellt – wurde die Zusammensetzung des Glimmers bestimmt. Die entsprechenden Analyseergebnisse sind in Tab. 4a und 4b zu sehen.

Auch die Amphibole (Abb. 5) enthalten Wasser, was anhand der Mikrosonde nicht erfasst wird. Deshalb wurde auch hier der Wassergehalt anhand der Differenz der Oxidsumme und einer idealen Messung von 100% geschätzt. Im Vergleich zu den Analyseergebnissen für Kalium-Richterit von Waters (1987), Dawson et al. (1977) und Konzett (2000) weisen die Amphibole, ebenso wie die Glimmer, einen etwas erhöhten Kaliumgehalt auf (>4,62 Gew.-% K_2O bei Waters, 1987), stimmen aber ansonsten mit den Ergebnissen der Autoren ohne große Abweichungen überein. Zur näheren Betrachtung des Fluorgehalts wurde die Richterit-Analyse von Deer et al. (1992, Seite 231) herangezogen, wobei allerdings auch keine besonderen Abweichungen zu erkennen sind. Ein Vergleich der Anionen- und Kationenplätze aus Tab. 4b mit den Ergebnissen von Richteriten aus metamorph umgewandelten Kalksteinen (Deer et al. 1992, Seite 231) ergab eine Übereinstimmung, wobei die Amphibole aus Schliff BR 2-8 einen höheren Gehalt an Kalium (>1,72 Gew.-% K_2O) aufweisen und somit als Kalium-Richterite (Richterit $Na(Ca,Na)Mg_5Si_8O_{22}(OH)_2$) bezeichnet werden können. Dabei erniedrigt die Substitution von Eisen für Magnesium die Stabilität des Minerals von 1000°C auf 500°C (Deer et al. 1992).

Abb. 4: Die Zahlen 5 bis 8 markieren die Messpunkte der Mikrosonde. Die erhaltenen Ergebnisse sind in Tab. 4a und 4b zu sehen.

Gew.- % Oxide	Amphibol 5	Amphibol 6	Amphibol 7	Amphibol 8
SiO_2	52.9	53.6	53.7	53.9
TiO_2	0.7	0.5	0.5	0.5
Al_2O_3	1.5	1.1	1.0	1.1
Cr_2O_3	0.3	0.1	0.1	0.2
FeO	4.7	4.6	4.3	4.4
MnO	0.1	0.03	0.04	0.1
MgO	19.7	20.2	20.4	20.5
CaO	6.7	7.0	6.9	6.9
Na_2O	3.6	3.5	3.4	3.8
K_2O	5.1	5.0	5.1	5.0
F	0.1	0.5	0.4	0.4
Total	95.3	96.1	96.0	96.7
H_2O	4.7	3.9	4.0	3.3

Tab. 4a: Analyseergebnisse des Amphibols in Gew.-% Oxide. Die angegebene Nummerierung stimmt mit den Messpunkten aus Abb. 4 überein. Der H_2O-Gehalt wurde anhand der Differenz einer idealen 100%igen Messung und dem Gesamtanteil der Oxide in Gew.-% errechnet.

Kationen (O=24)	Amphibol 5	Amphibol 6	Amphibol 7	Amphibol 8
Si	8.1	8.1	8.1	8.1
Ti	0.1	0.1	0.1	0.1
Al	0.3	0.2	0.2	0.2
Cr	0.03	0.01	0.01	0.02
Fe	0.6	0.6	0.6	0.6
Mn	0.01	0.004	0.01	0.01
Mg	4.5	4.6	4.6	4.6
Ca	1.1	1.1	1.1	1.1
Na	1.1	1.0	1.0	1.1
K	1.0	1.0	1.0	1.0
F	0.02	0.2	0.1	0.2
Total	16.7	16.8	16.8	16.8

Tab. 4b: Auflistung der Anionen- und Kationenplätze der Amphibole (5-8), normiert auf 24 Sauerstoffplätze. Die Anzahl und Verteilung lässt darauf schließen, dass es hierbei um Kalium-Richterite handelt.

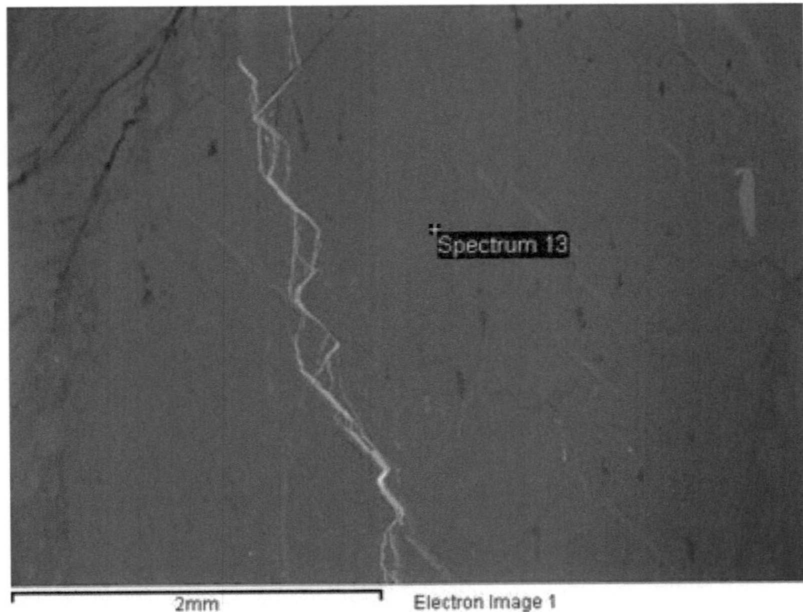

Abb. 5: „Spectrum 13" bezeichnet eine Aufnahme eines Amphibols unter dem Rasterelektronenmikroskop. Erkennbar ist das Mineral an den charakteristischen Spaltrissen im Winkel von ca. 120°, bzw. 60°.

5.3 Rutil und Ilmenit

Die beiden Titanphasen Rutil und Ilmenit sind charakteristisch für MARID-Xenolithe und machen in diesem Schliff etwa 12 Vol.-% aus, was wiederum sehr hoch und eher untypisch für MARID-Xenolithe ist. Erkennbar sind die Minerale an ihrer schwarzen Eigenfarbe, wobei diese Rutile zusätzlich eine leichte bräunliche Färbung besitzen. Voneinander zu unterscheiden sind sie jedoch nur unter dem Rasterelektronenmikroskop: Der höhere Gehalt an dem schweren Element Titan im Rutil (TiO_2) hat eine stärkere Rückstreuung und erscheint somit heller als der Ilmenit, der neben Titan auch noch das leichtere Element Eisen enthält ($FeTiO_3$). Auffällig ist, dass Rutil immer als kleine, stengelige Einsprenglinge in einem größeren Ilmenit vorkommt, wie auch in Abb. 6 zu sehen ist. Nie sind die beiden Minerale innerhalb des Schliffes BR 2-8 getrennt voneinander aufzufinden.

Anhand von fünf verschiedenen Messpunkten – in Abb. 7 dargestellt – wurde die Zusammensetzung der Rutile und Ilmenite bestimmt. Die entsprechenden Analyseergebnisse sind in Tab. 5a zu sehen. Die passende Anionenplatzierung befindet sich in Tab. 5b.

Der Vergleich mit entsprechenden MARID-Analysen von Waters (1987), Dawson et al. (1977) und Konzett (2000) ergab eine Übereinstimmung für das Mineral Rutil in allen gemessenen Elementen. Für Ilmenit jedoch ergab die Analyse des Schliffs BR 2-8 eine deutlich höhere Titankonzentration, als bei Waters (>40,1-54,92 Gew.-% TiO_2), Dawson (>52-54 Gew.-% TiO_2) und Konzett (>59,3 Gew.-% TiO_2). Auch enthält dieser Ilmenit in geringen Mengen Kalium, was bei Waters (1987) und Dawson et al. (1977) nicht der Fall ist. Bei Konzett (2000) hingegen deckt sich der gemessene Kaliumgehalt mit dem aus Schliff BR 2-8.

Der Vergleich der Ilmenite von Deer et al. (1992, Seite 545), entnommen aus dem Amalia-Kimberlit, ergab auch hier eine erhöhte Titan- (>52 Gew.-% TiO_2) und Chromkonzentration (>0 Gew.-% Cr_2O_3). Alle anderen Elementkonzentrationen stimmen dagegen überein.

Aufgrund der bräunlichen Eigenfarbe des Rutils kann davon ausgegangen werden, dass es hierbei um einen Brookit handelt (Deer et al. 1992). Für die Klassifizierung als Pseudobrookit ist in dem Mineral der Eisengehalt zu niedrig.

Abb. 6: „Spectrum 27" bezeichnet eine Aufnahme eines Ilmenits unter dem Rasterelektronenmikroskop. Die stengeligen, helleren Einsprenglinge stammen von Rutilen.

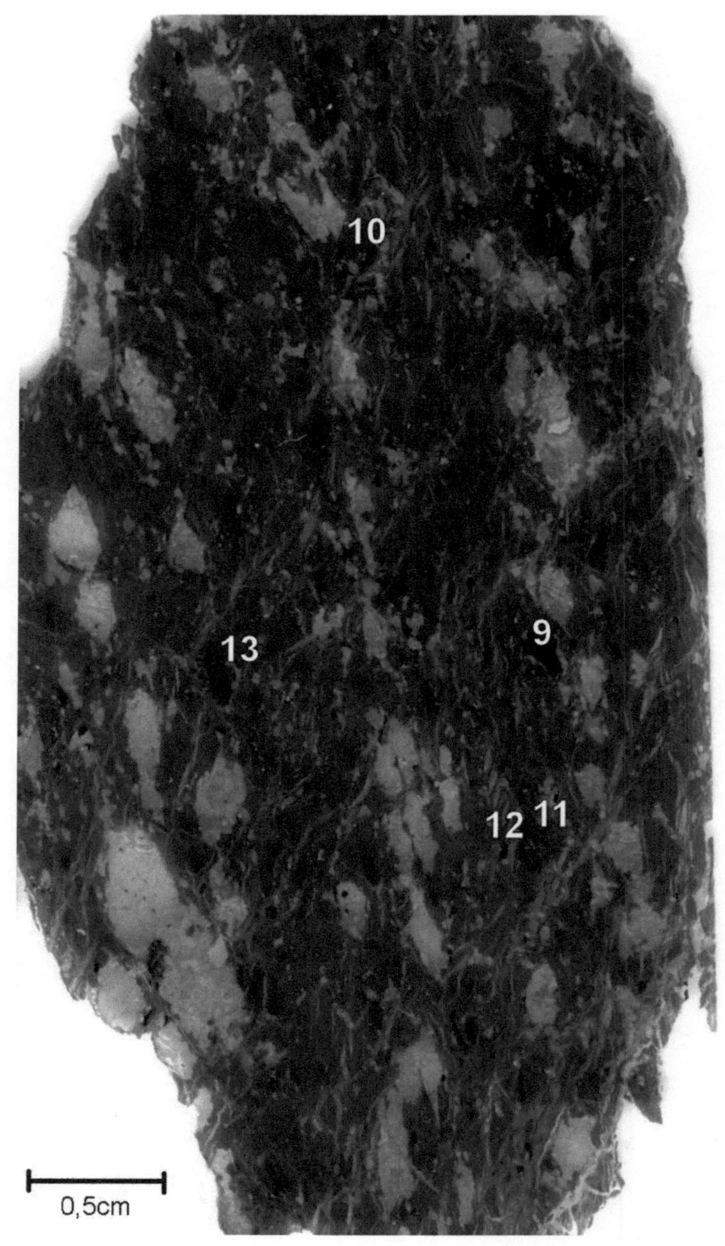

Abb. 7: Die Zahlen 9 bis 13 markieren die Messpunkte für die Mikrosonde. Die erhaltenen Ergebnisse sind in Tab. 5a und 5b zu sehen.

20

Gew.- % Oxide	Rutil 9	Rutil 10	Rutil 11	Rutil 12	Ilmenit 13
SiO_2	0.01	0.01	0.04	0.02	0.0
TiO_2	94.9	97.0	96.2	97.1	66.6
Al_2O_3	0.0	0.01	0.02	0.01	0.04
Cr_2O_3	1.0	0.9	0.9	1.8	1.4
FeO	0.6	0.3	0.4	0.6	20.4
MnO	0.04	0.01	0.0	0.0	0.2
MgO	0.3	0.1	0.1	0.1	10.2
CaO	0.1	0.01	0.01	0.04	0.3
Na_2O	0.01	0.1	0.1	0.01	0.1
K_2O	0.04	0.0	0.04	0.009	0.02
Total	96.8	98.5	97.8	99.7	99.3

Tab. 5a: Analyseergebnisse von Rutilen (9-12) und eines Ilmenits (13) in Gew.-% Oxide. Die angegebene Nummerierung stimmt mit den Messpunkten aus Abb. 7 überein.

Kationen (O=24)	Rutil 9	Rutil 10	Rutil 11	Rutil 12	Ilmenit 13
SiO_2	0.002	0.002	0.01	0.003	0.0
TiO_2	11.8	11.9	11.9	11.8	8.9
Al_2O_3	0.0	0.001	0.004	0.002	0.01
Cr_2O_3	0.1	0.1	0.1	0.2	0.2
FeO	0.1	0.05	0.1	0.1	3,0
MnO	0.01	0.001	0.0	0.0	0.04
MgO	0.06	0.03	0.03	0.01	2.7
CaO	0.01	0.002	0.002	0.01	0.1
Na_2O	0.01	0.02	0.02	0.003	0.04
K_2O	0.01	0.0	0.01	0.002	0.01
Total	12.1	12.1	12.1	12.1	15.0

Tab. 5b: Auflistung der Anionen- und Kationenplätze der Rutile (9-12) und des Ilmenits (13), normiert auf 24 Sauerstoffplätze.

5.4 Diopsid

Der grünliche Diopsid ist eine charakteristische Phase für einen MARID-Xenolithen und macht etwa 12 Vol.-% des Dünnschliffs BR 2-8 aus.

An insgesamt fünf Stellen innerhalb des Schliffs wurde die Zusammensetzung der 0,1-0,2 cm großen Diopside bestimmt. Markiert sind die Messpunkte in Abb. 8. Die dazugehörigen Ergebnisse befinden sich in Tab. 6a. Die Anwesenheit von Chrom ermöglicht die, für diese Gesteinsart übliche, grüne Färbung des Diopsids, was in der nachfolgenden Tabelle nachgewiesen ist. Eine Auflistung der Anionenplätze der Diopside befindet sich in Tab. 6b.

Der Vergleich des Diopsids (Abb. 9) mit den Analyseergebnissen von Waters (1987) ergab einen erhöhten Chromgehalt (>0,08-0,52 Gew.-% Cr_2O_3). Bei Dawson et al. (1976) und Konzett (2000) stimmten die Chromwerte dagegen überein. Auffällig ist auch bei diesem Mineral der leicht erhöhte Kaliumgehalt, der besonders bei Waters (1987) und Dawson et al. (1977) zwischen 0 und 0,02 Gew.-% liegt. Konzett (2000) fand dagegen vergleichbare Kaliumgehalte (<0,05 Gew.-% K_2O).

Der Vergleich eines gewöhnlichen Diopsids von Deer et al. (1992), entnommen aus einem Kalkstein aus Finnland, ergab dagegen einen erhöhten Eisengehalt (>0,07 Gew.-% FeO) und erhöhte Titan-, Natrium-, Kalium- und Chromgehalte (für alle >0,0 Gew.-%). Lediglich der Calciumgehalt, gemessen von Deer et al. (1992), liegt unterhalb des von Schliff BR 2-8 (<25,85 Gew.-% CaO).

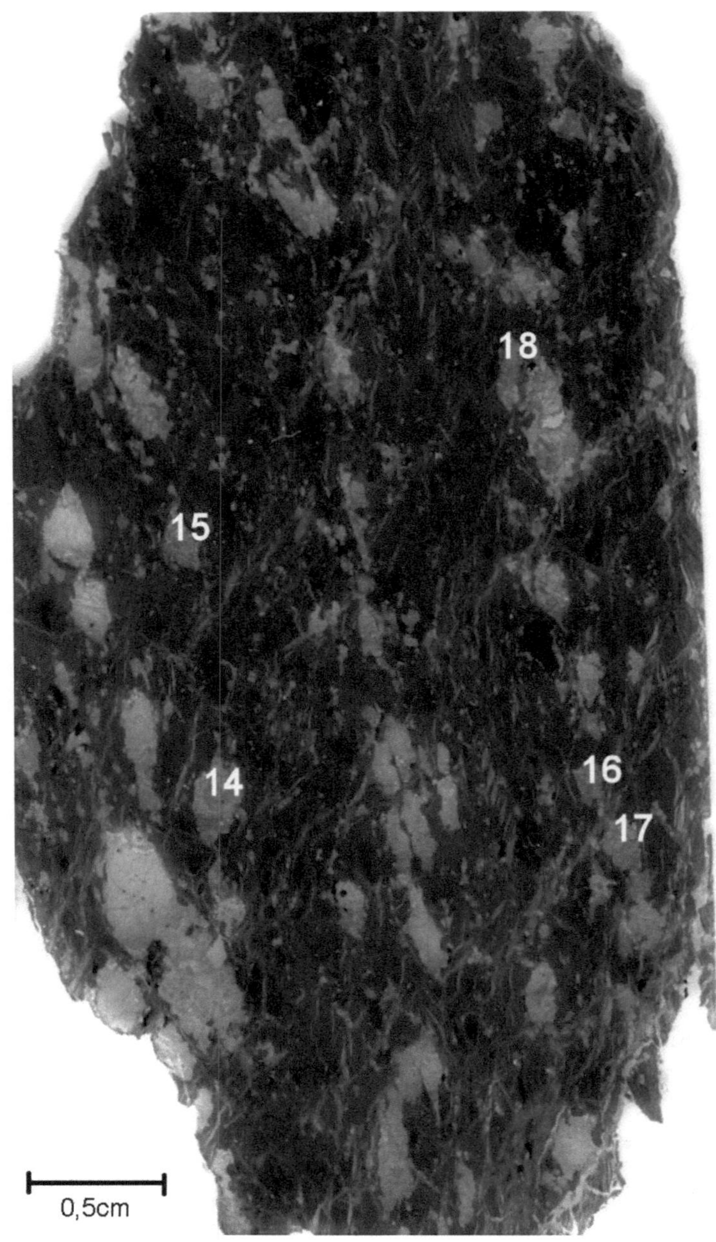

Abb. 8: Die Zahlen 14 bis 18 markieren die Messpunkte für die Mikrosonde. Die erhaltenen Ergebnisse sind in Tab. 6a und 6b zu sehen.

Gew.- % Oxide	Diopsid 14	Diopsid 15	Diopsid 16	Diopsid 17	Diopsid 18
SiO_2	54.3	53.7	53.5	53.4	53.6
TiO_2	0.1	0.1	0.1	0.1	0.1
Al_2O_3	0.5	0.6	0.5	0.5	0.5
Cr_2O_3	0.6	0.6	0.6	0.6	1.1
FeO	5.7	6.0	5.6	5.6	5.6
MnO	0.2	0.2	0.2	0.2	0.2
MgO	15.3	15.1	15.4	15.3	15.1
CaO	20.8	20.6	20.8	20.8	20.5
Na_2O	1.6	1.7	1.6	1.6	1.9
K_2O	0.03	0.02	0.02	0.02	0.007
Total	99.2	98.7	98.4	98.1	98.6

Tab. 6a: Analyseergebnisse der Diopside (14-18) in Gew.-% Oxide. Die angegebene Nummerierung stimmt mit den Messpunkten aus Abb. 8 überein.

Kationen (O=24)	Diopsid 14	Diopsid 15	Diopsid 16	Diopsid 17	Diopsid 18
SiO_2	8.0	8.0	8.0	8.0	8.0
TiO_2	0.01	0.01	0.01	0.01	0.01
Al_2O_3	0.1	0.1	0.1	0.1	0.1
Cr_2O_3	0.1	0.1	0.07	0.	0.1
FeO	0.7	0.7	0.7	0.7	0.7
MnO	0.02	0.02	0.02	0.02	0.02
MgO	3.4	3.4	3.4	3.4	3.4
CaO	3.3	3.3	3.3	3.3	3.3
Na_2O	0.5	0.5	0.5	0.5	0.5
K_2O	0.01	0.004	0.005	0.003	0.001
Total	16.1	16.1	16.1	16.1	16.2

Tab. 6b: Auflistung der Anionen- und Kationenplätze der Diopside (14-18), normiert auf 24 Sauerstoffplätze. Die Anzahl und Verteilung und auch die Eigenfarbe des Minerals lässt darauf schließen, dass es hierbei um Chrom-Diopside handelt.

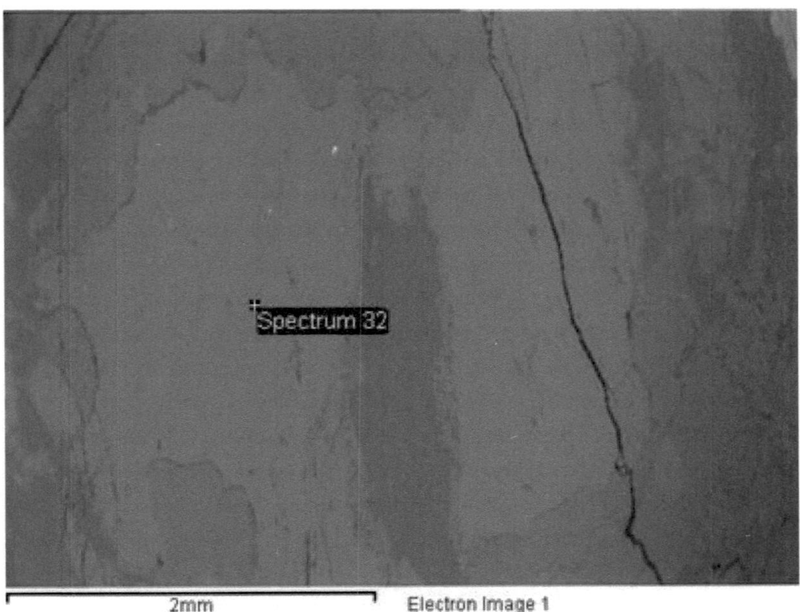

Abb. 9: „Spectrum 32" bezeichnet eine Aufnahme eines Diopsids unter dem Rasterelektronenmikroskop.

5.5 Karbonate

Karbonate spielen bei der Kennzeichnung von MARID-Xenolithen zwar nur eine untergeordnete Rolle, können aber durchaus prägnante weiße Phasen bilden. Dieser Schliff zeichnet sich besonders durch seine Häufung von Karbonaten aus, die durchaus geschätzte 15 Vol.-% des gesamten Dünnschliffes ausmachen können. Erscheinen können die Karbonate unter dem Rasterelektronenmikroskop sowohl als größere (s. Abb. 10) und kleinere hypidiomorphe bis xenomorphe Kristalle, als auch als kleine rundliche Einschlüsse in anderen Mineralen, wie beispielsweise in Abb. 11 als Einschluss in einem Glimmer. Das Besondere an diesem Karbonat ist, dass er eine Zonierung aufweist und somit Unterschiede im Elementgehalt zwischen Kern und Rand. Diese und andere Messergebnisse sind in Tab. 7a aufgelistet. In Abb. 12 sind die sechs Messpunkte markiert, der die Analysen entnommen wurden.

Der Vergleich zwischen Kern- und Randbereich der Karbonate zeigt eine leichte Erhöhung im Eisen- und Kaliumgehalt des Randes. Auch die Anwesenheit von Strontium in diesen Phasen zeichnet die Besonderheit dieser Karbonate aus. Ein Vergleich der Anionen- und Kationenplätze aus Tab. 7b mit Karbonatanalysen von Deer et al. (1992, S. 625) ergab, dass es hierbei um Dolomite handelt, da Magnesium und Calcium etwa gleichwertige Kationen darstellen, was stöchiometrisch der Formel von Dolomit entsprechen würde: $CaMg(CO_3)_2$. Da nach dieser Mineralformel Magnesium und Calcium eigentlich jeweils einem Kation entsprechen müssen, dies aber nicht der Fall ist, werden die freien Kationenplätze zusätzlich von Eisen, Mangan, Strontium und zum Teil von Kalium eingenommen. Dies zeichnet diese MARID-Dolomite aus Schliff BR 2-8 besonders aus.

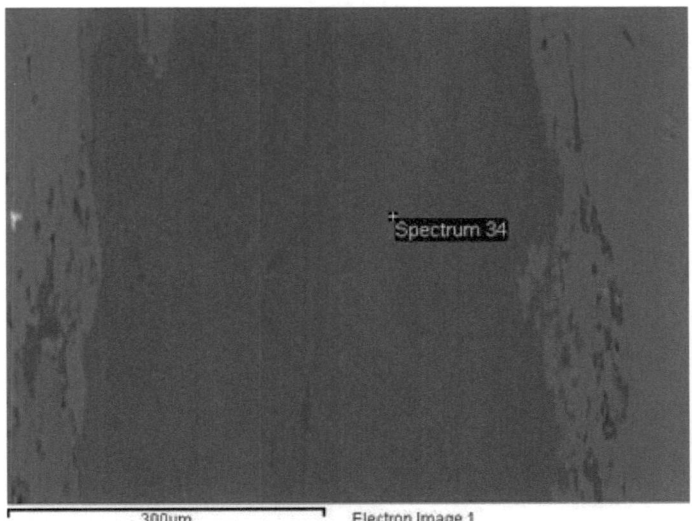

Abb. 10: „Spectrum 34" kennzeichnet einen Dolomiten unter dem Rasterelektronenmikroskop. Erkennbar ist das Mineral an seiner dunklen Färbung aufgrund seines geringen Gehalts an schweren Elementen.

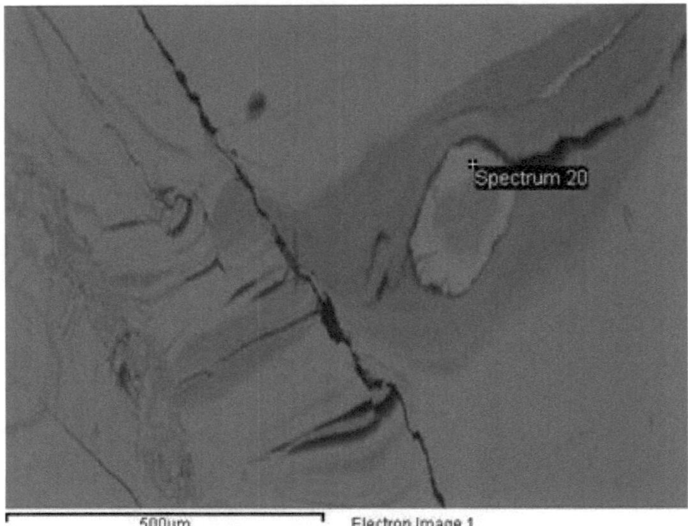

Abb. 11: „Spectrum 20" bezeichnet einen Dolomiten als Einschluss in einem Glimmer, aufgenommen unter dem Rasterelektronenmikroskop. Kennzeichnend für diesen Dolomiten ist eine Zonierung mit einem unterschiedlichen Elementgehalt zwischen Kern (dunkel) und Rand (hell, Spectrum 20).

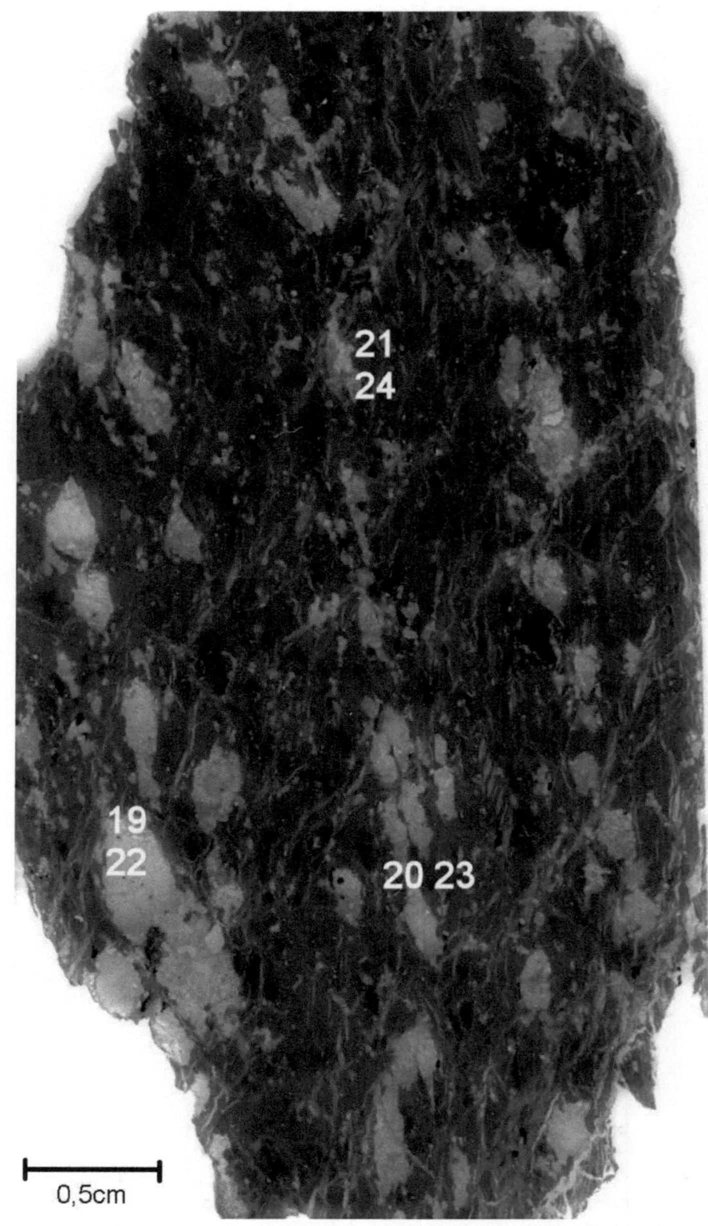

Gew.- % Oxide	Karbonat Kern 19	Karbonat Kern 20	Karbonat Kern 21	Karbonat Rand 22	Karbonat Rand 23	Karbonat Rand 24
FeO	1.7	1.9	1.8	2.6	2.0	2.5
MnO	0.1	0.04	0.01	0.4	0.02	0.04
MgO	21.5	21.0	21.2	20.9	21.1	21.2
CaO	27.6	27.7	27.7	28.8	26.9	26.9
K_2O	0.0	0.0	0.0	0.1	0.0	0.02
SrO	1.2	1.1	0.9	0.1	1.5	0.8
CO_2	47.9	48.4	48.4	47.2	48.5	48.5
Total	100.0	100.0	100.0	100.0	100.0	100.0

Tab. 7a: Analyseergebnisse der Karbonatminerale (19-24) in Gew.-% Oxide. Die angegebenen Nummern stimmen mit den Messpunkten aus Abb. 12 überein und verdeutlichen den Unterschied zwischen Kern und Rand und die damit verbundene Zonierung.

Kationen (O=24)	Karbonat Kern 19	Karbonat Kern 20	Karbonat Kern 21	Karbonat Rand 22	Karbonat Rand 23	Karbonat Rand 24
Fe	0.02	0.02	0.02	0.03	0.03	0.03
Mn	0.001	0.001	0.0001	0.01	0.0003	0.001
Mg	0.5	0.5	0.5	0.5	0.5	0.5
Ca	0.5	0.5	0.5	0.5	0.4	0.4
K	0.0	0.0	0.0	0.001	0.0	0.0003
Sr	0.01	0.01	0.01	0.001	0.01	0.01
C	1,0	1,02	1,0	1.0	1,0	1,0
Total	2.0	2.0	2.0	2,0	2.0	2.0

Tab. 7b: Auflistung der Anionen- und Kationenplätze der Karbonate (19-24), normiert auf 24 Sauerstoffplätze. Die Anzahl und Verteilung lässt darauf schließen, dass es hierbei um Dolomite handelt.

5.6 Strontium- und Bariumphasen

Zwei weitere Besonderheiten innerhalb dieses Dünnschliffes sind die relativ häufig anzutreffen Strontiumphasen und besonders die vermehrt auftretenden Bariumphasen. Aufgrund ihres hohen Anteils an den schweren Elementen Strontium und Barium erscheinen sie unter dem Rasterelektronenmikroskop als sehr helle Einheiten, wie in Abb. 13 zu sehen ist, und sind dadurch leicht von anderen Mineralen zu unterscheiden. Innerhalb des Schliffs selbst erscheinen sie als besonders weiße Phasen und befinden sich immer in unmittelbarer Nähe zu den Dolomiten. Tatsächlich wurde an einer Stelle ein nahezu reiner Strontianit ($SrCO_3$) gefunden, was in Tab. 8a und 8b unter „Strontianit 25" zu sehen ist. Seine Substitution von Calcium könnte allerdings auch auf ein Zwischenprodukt zwischen Strontianit und Aragonit ($CaSr(CO_3)_2$) hindeuten (Deer et al. 1992). Die gefundenen Bariumphasen sind Baryte ($BaSO_4$), die zusätzlich noch Calcium und Strontium einbauen, was innerhalb der Analyseergebnisse in Tab. 8a und 8b unter „Baryt 26 - 31" zu sehen ist. Die zugehörigen sieben Messpunkte sind in Abb. 14 markiert. Im Gegensatz zu den Baryten, die auch Strontium einbauen, baut der gefundene Strontianit kein Barium ein, dafür Eisen-, Mangan- und Magnesiumoxid. Eine entsprechende Auflistung der Anionenverteilung befindet sich in Tab. 8b. Der relativ hohe Strontiumgehalt von „Baryt 26" (4.260 Gew.-% SrO) könnte auch auf eine kontinuierliche Mischungsreihe zwischen Baryt und Celestine ($SrSO_4$) und damit auf einen Strontiobaryt hindeuten (Deer et al. 1992).

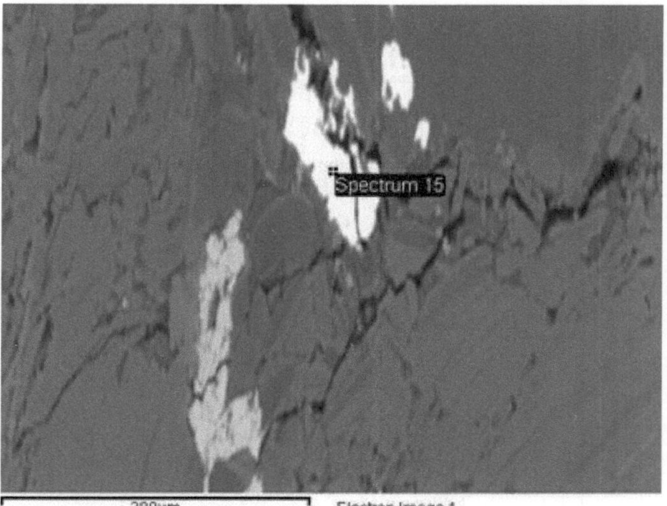

Abb. 13: „Spectrum 15" bezeichnet einen Bariumcarbonaten, aufgenommen unter dem Rasterelektronenmikroskop.

Abb. 14: Die Zahlen 25 bis 31 markieren die Messpunkte für die Mikrosonde. Die erhaltenen Ergebnisse hierfür sind in Tab. 8 zu sehen.

Gew.-% Oxide	Strontianit 25	Baryt 26	Baryt 27	Baryt 28	Baryt 29	Baryt 30	Baryt 31
FeO	0.1	0.0	0.0	0.0	0.0	0.0	0.0
MnO	0.01	0.0	0.0	0.0	0.0	0.0	0.0
MgO	0.01	0.0	0.0	0.0	0.0	0.0	0.0
CaO	4.4	0.1	0.0	0.03	0.04	0.03	0.1
SrO	62.5	4.3	0.3	0.3	0.8	0.8	4.2
BaO	0.0	61.0	65.1	65.0	64.3	64.9	60.5
SO_3	0.0	34.9	34.5	34.6	34.5	33.7	35.0
CO_2	33.0	0.0	0.0	0.0	0.0	0.0	0.0
Total	100.0	100.2	99.9	99.9	99.7	99.4	99.8

Tab. 8a: Analyseergebnisse der Barium- und Strontiumphasen (25-31) in Gew.-% Oxide. Die angegebene Nummerierung stimmt mit den Messpunkten aus Abb. 14 überein.

Kationen (O=24)	Strontianit 25	Baryt 26	Baryt 27	Baryt 28	Baryt 29	Baryt 30	Baryt 31
FeO	0.002	0.0	0.0	0.0	0.0	0.0	0.0
MnO	0.0002	0.0	0.0	0.0	0.0	0.0	0.0
MgO	0.0003	0.0	0.0	0.0	0.0	0.0	0.0
CaO	0.1	0.003	0.0	0.001	0.002	0.00	0.004
SrO	0.8	0.1	0.01	0.01	0.02	0.02	0.09
BaO	0.0	0.9	1.0	1.0	1.0	1.0	0.9
SO_3	0.0	1.0	1.0	1.0	1.0	1.0	1.0
CO_2	1.0	0.0	0.0	0.0	0.0	0.0	0.0
Total	2.0	2.0	2.0	2.0	2.0	2.0	2.0

Tab. 8b: Auflistung der Anionen- und Kationenplätze des Strontianits (25) und der Baryte (26-31), normiert auf 24 Sauerstoffplätze.

5.7 Kurzzusammenfassung der Messergebnisse

Der analysierte Dünnschliff BR 2-8 eines MARID-Xenolithen zeichnet sich vor allem durch die nahezu konstant anzutreffenden Übergangsmetalle Chrom, Eisen und Mangan und durch eine Anreicherung an den inkompatiblen Elementen Kalium, Barium und Strontium aus. Dabei gehören die genannten inkompatiblen Elemente zu der Gruppe der „Large Ion Lithophile Elements", oder kurz „LILE". Auch der hohe Gehalt an dem Erdalkalimetall Calcium und damit die Häufigkeit von Karbonaten ist sehr charakteristisch für diesen Schliff.

6 Diskussion der Ergebnisse

Viele verschiedene Autoren haben sich über mehrere Dekaden hinweg mit der Herkunft und der Entstehung von MARID-Xenolithen beschäftigt. Einen der frühen Erklärungsansätze liefern J. Barry Dawson und Joseph V. Smith (1977), die auch eine der ersten waren, die die MARID-Folge in Kimberliten charakterisiert und analysiert haben. Ihrer Meinung nach entstehen MARID-Xenolithe durch plutonische Kristallisation aus einem frühen kimberlitischen Magma. Jedoch erfolgte dabei die Kristallisation in den höheren Lagen des oberen Erdmantels aus einem oxidierenden Magma, das in seiner chemischen Zusammensetzung den Kimberliten ähnelt. Der Beweis hierfür liegt in der Anwesenheit von Amphibolen als Kalium-Richterite, deren Bildung sich auf eine Tiefe von unter 100km beschränkt. Sein Entstehungsmodell sieht dabei wie folgt aus: Ein Kalium-, Eisen-, Magnesium-, Titan- und OH-reiches kimberlitisches Magma entsteht im Mantel durch partielle Schmelzbildung aus einem phlogopithalitgen Lherzolith. Während des Aufstiegs bis in eine Tiefe von etwa 100km entstehen, durch primäre Metasomatose mit dem angrenzenden Peridotit an den Wandbereichen des Kimberlitschlots und durch den Eintrag von Fluiden, Glimmer-Megakristalle. Gelangt das Magma weiter in Oberflächennähe (75-120 km Tiefe), wird Amphibol stabil, das Wasser geht in die Reaktion über und eine höhere Oxidation startet. Die von ihm untersuchte MARID-Folge entsteht demnach dadurch, dass das Magma nicht konstant aufsteigt, sondern zeitweise stationär blieb. Dadurch konnten Rutil, Ilmenit und andere Titanite konstant wachsen. Was Dawson et al. (1977) nicht erwähnt, ist, dass sich zu diesem Zeitpunkt und nahezu zeitgleich mit den Titanoxiden die ersten Glimmer in einer großen Anzahl gebildet haben müssten, ansonsten gäbe es keine Erklärung für die enorm phlogopit-reiche Matrix, die in Schliff BR 2-8 gefunden wurde. Nach Dawson et al. (1977) sind die Glimmer und Amphibole erst beim späteren Aufstieg eingewachsen. Nach Boettcher (1975) dürfen die MARID-Xenolithe während ihres Wachstums allerdings nicht über eine Druck- und Temperaturbedingung von 1150°C und 15 kbar (1,5 GPa) hinausgelangen, da nur bis zu diesem Bereich Phlogopite und kaliumreiche Amphibole koexistieren können. Ein später aufsteigender Kimberlit hat demnach die MARID-Folge sehr schnell in die höhere Kruste transportiert und deformiert, aber nicht mehr umgewandelt (Dawson, 1977). Für eine kurzzeitige Station des MARID-Xenolithen spricht die in Schliff BR 2-8 gefundene Verwachsung von Rutil und Ilmenit, die auf eine konstante und gleichzeitige Kristallisation hindeutet. Auch die Theorie eines kimberlitischen Muttermagmas, das reich an Magnesium, Titan, Kalium, Eisen und Wasserstoff ist, ist für die Bildung der Hauptphasen nachvollziehbar. Doch für die enorme Anwesenheit von Dolomiten und auch für den Gehalt an LILEs liefern Dawson et al. (1977) keine hinreichende Erklärung. Des Weiteren entspricht der analysierte Schliff keiner ultramafischen Zusammensetzung, sondern eher einer felsischen bis intermediären Zusammensetzung, besonders aufgrund seines relativ geringen Gehalts an mafischen Mineralen, seines kompletten Fehlens an Olivin und seines relativ hohen Gehalts an Karbonaten. Anzumerken ist jedoch, dass die Minerale Diopsid und Phlogopit einen erhöhten Magnesiumgehalt aufweisen und somit als ultramafisch klassifiziert werden können. Diese Eliminierung von Olivin spricht dafür, dass Metasomatose von peridotitischen bzw. lherzolithischen Wandgesteinen eine viel größere Bedeutung für die MARID-Bildung hat, als ihnen Dawson et al. (1977) zusprechen.

Jürgen Konzett, Richard A. Armstrong und Detlef Günther haben 2000 diese Theorie von Dawson et al. (1977) aufgegriffen und erweitert. Ihrer Meinung nach müssen Kalium, Wasserstoff und die inkompatiblen Elemente (LILE) sekundär in den lithosphärischen Mantel gelangt sein und nicht – wie Dawson et al. (1977) in Bezug auf das OH-Vorkommen aussagt – primär aus der Mantelschmelze stammen und sie weisen darauf hin, dass die Textur der Hydratphasen Phlogopit und Amphibol auf eine Kristallisation einer kaliumreichen Schmelze hinweisen und stimmen dabei Dawson et al. (1977) zu. Dabei entstanden die MARID-Xenolithe aus sogenannten PKP-Gesteinen, die aus Phlogopit, Kalium-Richterit und Peridotit bestanden und durch Metasomatose aus der Interaktion mit den genannten hydratischen Fluiden entstehen. Die Kristallisation erfolgte dabei möglicherweise innerhalb eines offenen Systems. Die PKP-Gesteine zeichnen sich durch die Abwesenheit von Olivin und Orthopyroxen aus sind durch eine Eisen- und Titananreicherung in den Phlogopiten und Amphibolen gekennzeichnet, was besonders zu den gemessenen Phlogopitanalysen aus Schliff BR 2-8 passen würde und auch das Fehlen von Olivin in Schliff BR 2-8 begründet. Für die Amphibole lässt sich nur eine geringere Anreicherung an Titan nachvollziehen. Für die Anwesenheit der Strontium-Calcium-Barium-Sulfate und der Anreicherung an LILEs vertreten Konzett et al. (2000) die Theorie, dass sie sich nur in offenen Hohlräumen gebildet haben können und dabei aus einem metasomatischen Fluid, angereichert an Schwefel, Phosphat, LILE und HFSE während der Formation der modalen Metasomatose, ausgefallen sind. Dies spricht wiederum für eine magmatische Herkunft der MARID-Xenolithe und für eine Kristallisation innerhalb eines offenen Systems (Konzett et al. 2000). Die Anwesenheit von Sulfaten deutet auf einen Wandel des Sauerstoffgehalts hin und spricht somit für ein oxidierendes Magma, wie Dawson et al. (1977) es schon angedeutet haben. Dies spiegelt sich auch in dem erhöhten Gehalt an FeO wieder, der auch im Schliff BR 2-8 gefunden wurde. Die Abwesenheit von Amphibolen in der Matrix, die auch in Schliff BR 2-8 beobachtet wurde, deutet auf eine Infiltration einer karbonatischen Schmelze hin, so Konzett et al. (2000), die mit dem

Amphibol reagiert und schließlich die Phlogopit-Matrix stabilisiert. Die Anwesenheit der Karbonate Dolomit und Strontianit deuten jedoch auf ein sehr wasserarmes, möglicherweise karbonatisches, Fluid hin, da die Karbonate andernfalls längst zerfallen wären. Für die Herkunft dieser Fluide liefern Konzett et al. (2000) allerdings keine Erklärung. Eine weitere wichtige Erkenntnis, die Konzett et al. (2000) während ihrer Uran- und Blei-Datierungen an MARID-Zirkonen erlangten, war, dass die MARID-Xenolithe durch die Eruption von Kimberliten vor 85-200 Ma und somit während der späten Kreide bis ins frühe Jura entstanden sind. Dies ist jedoch kein genauer Wert, da MARID-Xenolithe oft durch Deformation und Rekristallisation gekennzeichnet sind, so Konzett et al. (2000). Diese Erkenntnis basiert auf den Analysen von Smith et al. (1983), die für dieses Areal die letzten großen magmatischen Events auf das späte Jura bis in die frühe Kreide (115-150 Ma) und während des Karoo-Magmatismus (190 Ma) datierten.

Insgesamt deuten Konzett et al. (2000) die Entstehung von MARID-Xenolithen innerhalb des Kaapvaal Kratons auf eine starke metasomatische Alteration des peridotischen Mantels durch möglicherweise karbonatische Fluide und dem Aufstieg von primitiver – möglicherweise kimberlitischer – Mantelschmelze, die an Kalium und Wasserstoff angereichert ist.

Frances G. Waters hat 1987 dagegen eine ganz andere Theorie verfolgt. Seiner Meinung nach ist das Muttermagma für MARID-Xenolithe nicht kimberlitischer, sondern lamproitischer Herkunft, da dieses Magma einen höheren Magnesium- (20-25 Gew.-% MgO) und Kaliumgehalt (4-9 Gew.-% K_2O) aufweist. Die Bildung erfolgte dabei, so Waters (1987), unter höheren Druckbedingungen von 25-30 kbar und unter Wasseranwesenheit. Diese Aussage trifft Waters (1987) aufgrund der Analysen von Kushiro und Erlank (1970), die eine Stabilität von Kalium-Richterit unter wassergesättigten Bedingungen bei diesen Druckbedingungen und einer Temperatur von 110°C herausfanden. Für MARID-Phlogopite fand Waters (1987) einen ähnlichen Titangehalt (1,2 Gew.-% TiO_2), wie der aus Schliff BR 2-8. Dies erklärt Waters (1987) anhand der Löslichkeit von TiO_2 in Phlogopiten bei 825-1300°C und 10-30 kbar. Bei höheren Druck-, oder niedrigeren Temperaturbedingungen, würden diese Phlogopite zu titanarmen Phlogopiten und Rutil zerbrechen. Diese Erkenntnis stützt seine Theorie einer erwähnten Druckbedingung von 25-30 kbar. Eine Erklärung dafür, dass Lamproite eine wesentlich höhere Konzentration an inkompatiblen Elementen haben, als MARID-Xenolithe, liefert Waters (1987) dahingehend, dass eine später eindringende, dampfreiche Schmelze inkompatible Elemente aus dem kristallisierendem MARID-Magma heraus, in die subkontinentale Lithosphäre transportiert. Eine andere Erklärung dafür, so Waters (1987), wäre, dass der gefundene Gehalt an inkompatiblen Elementen in MARID-Xenolithen ein Charakteristikum des einzigartigen tektonischen Untergrundes des Kaapvaal Kratons darstellt. Für beide Theorien gibt es bislang keine Beweise. Was aber bekannt ist, ist die Tatsache, dass das archaische Kaapvaal Kraton so stabil ist, dass ein rein H_2O-reiches Magma die Oberfläche nicht erreichen kann und demnach muss das Magma neben H_2O auch CO_2 enthalten, was die Amphibole und Karbonate erklären würde (Waters, 1987). Des Weiteren ist, so Waters (1987) eine eventuell phlogopithaltige partielle Schmelze, reich an Kalium und Magnesium, aus dem oberen Erdmantel beteiligt. Nach Edgar et al. (1976) gelangen die inkompatiblen Elemente erst später durch einen Volatil-Fluss in die MARID-Xenolithe. Somit ist seiner Meinung nach die Metasomatose noch sehr jung und trat in mehreren Aktivitätszyklen auf, möglicherweise während der stationären Phase, die schon von Dawson et al. (1977) und Konzett et al. (2000) angesprochen wurden und die auch von Waters (1987) unterstützt wird. Seiner Meinung nach spricht die Bänderung der MARID-Xenolithe für eine kumulative Kristallisation in Teilen des Magmenkörpers, die für kurze Zeit stationär wurden. Im Schliff BR 2-8 ist eine solche Bänderung, oder auch eine Fließstruktur, in Teilen erkennbar, was diese Theorie unterstützen würde. Weiterhin weist der Dünnschliff, durch viele kleine Risse entlang der Fließstruktur, eine Deformation auf. Insgesamt geht Waters (1987) davon aus, dass MARID-Xenolithe das Produkt einer wasserreichen partiellen Schmelze, beeinflusst von phlogopithaltigen Peridotiten, sind. Dabei ist das Muttermagma lamproitisch und nicht kimberlitisch. Gegen diese Theorie spricht vor allem der Fundort dieses MARID-Xenolithes aus Schliff BR 2-8, denn das Gestein wurde aus einer Kimberlit-Mine in Bultfontein, Südafrika, entnommen. Diese Lokalität und auch die Kimberlite an sich, sind ein besonderes Charakteristikum für archaische kontinentale Kruste. Lamproite dagegen können in unterschiedlicher tektonischer Umgebung und unterschiedlichem Alter gefunden werden: Von archaisch in Westaustralien, bis hin zu paläozoisch und mesozoisch in Spanien (Bergman, 1987). Aufgrund dessen kann, selbst wenn die chemische Zusammensetzung in etwa zutrifft, aufgrund ihrer unterschiedlichen Bildungsumgebungen kein Vergleich mit MARID-Xenolithen gezogen werden. Für ein kimberlitisches Muttermagma spricht zusätzlich der charakteristische Mineralgehalt von Kimberliten selbst, wie ihn schon Clement et al. (1985) klassifiziert hat: Diese Gesteine sind ultramafisch (>15 Gew.-% MgO) und weisen einen erhöhten Kalium- (>3 Gew.-% K_2O) und Aluminiumgehalt (> 3 Gew.-% Al_2O_3) auf. Im Unterschied zu Lamproiten sind Kimberlite primitive Mantelgesteine, wofür bei diesem Schliff BR 2-8 vor allem der Chromgehalt (>1 Gew.-% Cr_2O_3) spricht. Sie weisen zudem eine Anreicherung an

LILEs auf (>1 Gew.-%), der auch in diesem Schliff BR 2-8 nachvollzogen werden kann, und enthalten H_2O und CO_2.

Für die Herkunft solcher karbonatischer Fluide, die von allen drei Autoren als Grund für die Metasomatose im Erdmantel in Erwägung gezogen wird, haben Arno Rohrbach und Max W. Schmidt 2011 eine Theorie aufgestellt. Ihrer Meinung nach stammen diese Karbonate aus der Subduktion alter ozeanischer Kruste unter kontinentale Kruste. Damit bringt die Subduktion neben den Karbonaten auch Sauerstoff mit in den Erdmantel. Diese oxidierenden Karbonate, so Rohrbach et al. (2011), haben in etwa 200 km Tiefe eine Schmelzpunkterniedrigung der Silikate zu Folge und zusätzlich eine oxidierende Wirkung auf die Schmelze, was schon von Dawson et al (1977) in Betracht gezogen wurde. Natürlich könnten laut dieser Theorie dadurch auch Wasser in den Erdmantel gelangt sein und so zur Ausfällung der großen Menge an Phlogopiten geführt haben. Da Smith et al. (1983) und Konzett et al. (2000) die Entstehung von MARID-Xenolithen auf die Kreide bis ins Jura (85-200 Ma) datierten, müsste es in Südafrika demnach zu dieser Zeit zu der genannten Subduktion gekommen sein. Dagegen spricht jedoch der bis jetzt bekannte Kontinentaldrift, der für diesen Zeitpunkt eine Ozeanbodenspreizung (engl. „seafloor spreading") zwischen der südafrikanischen und südamerikanischen Platte und zwischen der südafrikanischen und der antarktischen Platte vorgibt (Grotzinger et al. 2005). Ein möglicher zweiter Erklärungsansatz für diese Fluide wäre, dass sie innerhalb von hydrothermalen Gängen, durch Risse und Klüfte in eine Tiefe von etwa 100km gelangt sind. Diese Risse und Klüfte könnten sich durch die sehr großflächige Ozeanbodenspreizung gebildet haben und so Meerwasser zu der Schmelze hinzugefügt haben. Für diese Theorie sprechen die gut auskristallisierten Karbonate, die demnach durch subsequente Dolomitisierung auskristallisieren konnten (Deer et al. 1992). Auch ihr Auftreten zusammen mit Baryten und Strontianit unterstützt diese Theorie (Deer et al. 1992).

7 Zusammenfassung – Schlussfolgerung und Ausblick

Aufgrund der gewonnen Messergebnisse des MARID-Schliffes BR 2-8 und der angeführten Ergebnisdiskussion, wäre für diesen MARID-Xenolithen ein magmatischer Ursprung aus einem kimberlitischen Muttermagma (Dawson et al. 1977, Konzett et al. 2000) denkbar. Dabei muss das Magma reich an Kalium, Titan und Magnesium sein und darf nicht komplett wasserfrei gewesen sein, sondern muss, wie Dawson et al. (1977) es schon vermutet hat, OH-haltig sein. Daher liegt die Vermutung nahe, dass das Magma, in seinem Bestreben die Oberfläche zu erreichen, aufgrund der Stabilität des Kaapvaal Kratons, welches es zu durchdringen galt, für einige Zeit im oberen Teil der oberen Erdmantels stationär bleiben musste, da eine rein OH-haltige Schmelze dieses Kraton nicht durchdringen kann (Waters, 1987). Während dieser ersten stationären Phase konnten, aufgrund des genannten Elementgehalts der Schmelze, Rutil und Ilmenit, aber auch gleichzeitig große Mengen titanreicher Phlogopite ausfallen. Diese Vermutung wird durch die phlogopit-, rutil- und ilmenithaltige Matrix gestützt, die in Schliff BR 2-8 aufzufinden war. Durch den Prozess der Ozeanbodenspreizung, die, zwischen den angrenzenden Platten der südafrikanischen Platte und der südafrikanischen Platte selbst, stattgefunden hat, kam es durch Druckentlastung zur partiellen Schmelzbildung von Mantelperidotit und damit zum Aufstieg dieses Magmas (Grotzinger et al. 2005). Durch hydrothermale Gänge und große Risse und Klüfte in der Erdkruste, deren Bildung mit der Ozeanbodenspreizung einhergeht, konnte Meerwasser zur Schmelze gelangen. Auf dem Weg zur Schmelze hin, verdampfte möglicherweise ein Großteil des Wassers und hinterließ stattdessen zu einem Großteil die Inhaltsstoffe des Meerwassers selbst, darunter vor allem Calciumcarbonat und womöglich auch LILEs. Dieses „sekundäre karbonatische Fluid" hat, durch den Prozess der hydrothermalen Metasomatose des angrenzenden Peridotitgesteins (Dawson et al. 1977 und Konzett, 2000), zur Bildung von Dolomiten, Baryten und Strontianiten geführt. Dabei müssen diese genannten Minerale etwa zeitgleich gebildet worden sein, da sie größtenteils miteinander verwachsen sind, nur in unmittelbarer Nähe zueinander anzutreffen sind und teilweise Elementübergänge bilden: So enthalten die Karbonate Barium und Strontium und die Baryte Strontium und Calcium. Seinen ultramafischen Charakter verlor die Schmelze möglicherweise durch den Prozess der Metasomatose selbst, oder aber durch eine längere Verweilzeit der Schmelze innerhalb der stationären Phase: Durch eine länger andauernde fraktionierte Kristallisation konnte der komplette Olivin aus den Peridotiten und dem Magma selbst wieder in die Schmelze übergehen und so – der Bowen'schen Kristallisationsreihe folgend – letztendlich zur Bildung der Phlogopite führen. Mit Hilfe dieses „sekundär eingedrungenen karbonatischen Fluids", konnte zum einen die Schmelze aufoxidieren und die Umwandlung von Schwefel und die Bildung von FeO begünstigen und zum anderen weiter aufsteigen und zusammen mit dem OH-Rest, der nicht in die Phlogopite eingebaut werden konnte oder womöglich noch vom Meerwasser selbst stammt, die Amphibole bilden. Dabei wäre eine zweite Station unterhalb von 1150°C und 15 kbar (1,5 GPa) denkbar, da nur unter diesen Bedingungen Phlogopit und Amphibol koexistieren können (Boettcher, 1975). Somit wäre es möglich, dass die Amphibole sich direkt im Anschluss an die Karbonate und die Strontium- und Bariumphasen gebildet haben. Diese Theorie basiert vor allem auf der Struktur der Amphibolminerale im Schliff BR 2-8. Auf den beigefügten Schliffbildern ist zu erkennen, dass die Amphibole nicht zur Matrix selbst gehören, sondern als Einsprenglinge, die etwa der Größe der Karbonatphasen entsprechen, später gebildet wurden.

Das eingedrungene „Karbonatfluid" hat zwar das nötige CO_2 geliefert, um ein Durchdringen des archaischen Kratons zu ermöglichen (Waters, 1987). Den nötigen Anschub dafür lieferte letztendlich wohl aber die Eruption der unmittelbar angrenzenden Kimberlite, die die MARID-Xenolithe mit an die Oberfläche transportierten. Diese Vermutung basiert zum einen auf den Datierungen von Smith et al. (1983) und Konzett (2000), die eine zeitliche Nähe von Kimberliten zu MARID-Xenolithen herausfanden, zum anderen aber auf den beobachteten Deformations- und Bänderungsstrukturen des Schliffes BR 2-8 und der aufgefundenen Risse entlang der Fließstruktur, die auf einen raschen Transport hindeuten und damit durchaus anhand der Kimberliteruption zu erklären wären. Des Weiteren deutet die Deformation aller im Schliff befindlichen Minerale darauf hin, dass nach dem Transport keine weiteren Minerale neu gebildet wurden. Dies ist besonders im Hinblick auf die Karbonate von Bedeutung, da sie somit nicht sedimentär an der Oberfläche entstanden sind, sondern eindeutig im oberen Erdmantel.

Damit wäre für die Bildung der MARID-Xenolithe neben dem oxidierenden Magma (Dawson et al. 1977), durch die Zufuhr von Meerwasser, auch eine Bildung innerhalb eines offenen Systems denkbar, wie es Konzett et al. (2000) schon vorgeschlagen haben. Dieses offene System wird vor allem durch die weit in die Tiefe reichenden Klüfte und Risse, die innerhalb des Prozesses der Ozeanbodenspreizung entstanden sind, erreicht.

8 Inhaltsverzeichnis

1. Bergman, S. C., 1987. Lamproites and other potassium-rich igneous rocks: a review of their occurrences, mineralogy and geochemistry. In: Alkaline Igneous rocks, Fitton, J.G. and Upton, B.G.J (Eds.), Geological Society of London special publication 30, 103-190.

2. Boettcher, A. L., Mysen, B. O., Modreski, P. J., 1975. Melting in die upper mantle: Phase relationships in natural and synthetic peridotite-H_2O and peridotite-H_2O-CO_2 systems at high pressure. Physics and Chemistry of the Earth 9, 855-867. Pergamon Press.

3. Clement, C. R., Skinner, E. M. W., 1985. A textural-genetic classification of kimberlites. Transactions of the Geological Society of South Africa, 403-409.

4. Dawson, J. B., Smith, J. W., 1977. The Marid (mica-amphibole-rutile-ilmenite-diopside) suite of xenoliths in kimberlite. Geochimica et Cosmochimica Acta 41, 309-323. Pergamon Press.

5. Deer, W. A., Howie, R. A., Zussman, J., 1992. An Introduction to the rock-forming minerals, second edition. Longman Scientific and Technical. New York (USA).

6. Edgar, A. D., Green, D. H., Hibberson, W. O., 1976. Experimental petrology of a highly potassic magma. Journal of Petroleum Science and Engineering 17, 339-356.

7. Grotzinger, J., Jordan, T. H., Press, F., Siever, R., 2008. Allgemeine Geologie. Spektrum. Heidelberg. 5. Auflage.

8. Konzett, J., Armstrong, R. A., Günther, D., 2000. Modal metasomatism in the Kaapvaal craton lithosphere: Contraints on timing and genesis from U-PB zircon dating of metasomatized peridotites and MARID-type xenoliths. Contributions to Mineralogy and Petrology 139, 704-719. Springer.

9. Kushir, I., Erlank, A. J., 1970. Stability of potassic richterite. Carnegie Institute of Washington Yearbook 68, 231-233.

10. Rohrbach, A., Schmidt, M. W., 2011. Redox freezing and melting in the Earth's deep mantle resulting from carbon–iron redox coupling. Nature 472, 209-212.

11. Smith, C. B., 1983. Pb, Sr and Nd isotopic evidence for sources of African Creataceous kimberlites. Nature 304, 51-54.

12. Waters, F. G., 1987. A suggested origin of MARID xenoliths in kimberlites by high pressure crystallization of an ultrapotassic rock such as lamproite. Contributions to Mineralogy and Petrology 95, 523-533. Springer.

13. Lokalität Bultfontein (Stand: 17.05.2012): http://www.allaboutgemstones.com/diamond_mines_south-africa.html